Di Rita Levi-Montalcini
nel catalogo Baldini Castoldi Dalai *editore*
potete leggere:

Senz'olio contro vento

L'asso nella manica a brandelli

La galassia mente

Un universo inquieto. Vita e opere di Paola Levi-Montalcini

Tempo di mutamenti

Rita Levi-Montalcini

Tempo di azione

Baldini Castoldi Dalai
Editori dal 1897
http://www.bcdeditore.it e-mail: info@bcdeditore.it

Milano
ISBN 88-8490-429-3

Indice

Esprimo la più profonda gratitudine alla mia carissima amica e collaboratrice, Giuseppina Tripodi, per il suo inestimabile contributo, sia nel reperimento dei dati, che nella loro elaborazione e nella cura così rigorosa del presente saggio.

Prologo

L'importante è capire che le sfide sono più stimolanti di noiosissime pseudo-certezze.

Ilya Prigogine[1]

1. Ilya Prigogine, *La nuova alleanza*, Longanesi, Milano 1979.

Nel corso della travagliata storia della specie umana sono stati elaborati documenti diretti a stabilire normative concernenti i rapporti tra i singoli individui appartenenti alla stessa tribù, comunità e Stato.

I documenti che hanno richiesto, tuttavia, immediata attuazione sono stati redatti nel XVIII e XIX secolo e hanno assunto un carattere solenne.

Il primo, noto come la Carta di Filadelfia, *The Bill of Rights*, del 1787, esponeva le ragioni che motivavano alcune popolazioni degli Stati Uniti d'America a formulare la Dichiarazione d'Indipendenza dal Regno Unito.

Il carattere che lo ha contraddistinto da altre Dichiarazioni precedenti, elaborate da singoli governi, è stato l'universalità dei diritti riconosciuti a tutti gli appartenenti al genere umano.

Nonostante che la Dichiarazione proclamasse la libertà dell'individuo quale valore universale elargito da Dio a tutti gli appartenenti alla nostra specie, era ancora in vigore la schiavitù che sarebbe stata abolita solo un secolo più tardi.

La stessa universalità e la richiesta di immediata realizzazione hanno contraddistinto il Manifesto Comunista e la Dichiarazione Universale dei Diritti dell'Uomo. Il Manifesto Comunista, di Karl Marx e Friedrich Engels, fu sancito nel 1848, e a differenza del documento *The Bill of Rights*, era diretto a una sola categoria della popolazione ed esortava l'immediata unione delle forze proletarie contro la borghesia capitalista. Marx inoltre inserisce l'essere umano completamente nella società e lo considera svincolato dalle necessità e dallo sfruttamento. Un secolo più tardi, il 10 dicembre 1948, la Dichiarazione Universale dei Diritti dell'Uomo, adottata dall'Assemblea Generale delle Nazioni Unite, nell'Art. 2, primo paragrafo, stabiliva che: «A ogni individuo spettano tutti i diritti e tutte le libertà senza distinzione alcuna, per ragioni di razza, di colore, di sesso, di lingua, di religione, di opinione politica o di altro genere, di origine nazionale o sociale, di ricchezza, di nascita o di altra condizione».

Entrambi i suddetti documenti ponevano come obiettivo di richiamare l'attenzione sui diritti di tutti gli esseri umani. La definizione «universale» appare oggi più che mai inadeguata, in quanto la grande maggioranza del genere umano viveva e vive tuttora in condizioni che nella Dichiarazione dei Diritti Umani sono ignorate.

All'inizio del terzo millennio, il crescente aumento dei pericoli che minacciano la stessa sopravvivenza della nostra e di altre specie e l'incessante martellamento su questi problemi da parte dei mass media hanno reso di pubblico dominio la consapevolezza di dover porre rimedio a tali urgenti necessità.

«Problemi come quelli della giustizia e della povertà hanno dimensioni planetarie», afferma il filosofo Peter Singer nel trattare le problematiche etiche che concernono la globalizzazione, «esiste un obbligo da parte delle nazioni ricche ad aiutare quelle povere. Ma ci sono anche altri problemi mondiali [...]. Ci sono questioni relative alle leggi internazionali e anche questioni fondamentali di carattere morale [...]. In una buona società i diritti rientrano in gioco. Perché una buona società dovrebbe riconoscere che i propri membri hanno pari diritti».[2]

La situazione attuale richiede un coinvolgimento totale, non rivolto soltanto agli appartenenti ai Paesi ad alto sviluppo scientifico e tecnologico, che rappresentano una esigua parte del genere umano: la proclamazione dei diritti e dei doveri deve riguardare e coinvolgere le popolazioni dell'intero globo terrestre. È urgente creare un mondo dove il benessere sia esteso al massimo grado.

Il presente saggio si pone come obiettivo di esaminare i sistemi a disposizione per fronteggiare le problematiche in continuo aumento. Il cambiamento che si è verificato negli ultimi decenni nell'ambito della scienza e della tecnologia informatica offre nuovi e veloci mezzi di collegamento che non soltanto superano le barriere temporali e spaziali, ma creano la possibilità di un dialogo universale.

2. Peter Singer, *One World. L'etica della globalizzazione*, Einaudi, Torino 2003.

Un ruolo prioritario nella scena mondiale spetta ai giovani di ambo i sessi, sia per l'entusiasmo che caratterizza l'età giovanile, che per la facilità di accesso ai nuovi sistemi informatici in progressivo sviluppo.

Non è più tempo di discutere, ma è tempo di agire.

È imperativo ridurre il divario in continuo aumento che si è venuto a creare tra i Paesi industrializzati e quelli in via di sviluppo nella visione di una nuova globalizzazione, tale da rispondere agli interessi di tutte le popolazioni di quello che oggi si può definire un villaggio globale.

Per un nuovo ordine mondiale è mandatorio un consenso e un impegno universale mediante azioni locali, che si estendano a livello globale.

Tecnologie informatiche per un linguaggio universale

Un biosistema da tutelare,
da proteggere
il linguaggio umano,
perché non perda la sua biodiversità.
Peculiarità
di etnie diverse e lontane,
avvicinate,
strette,
da un legame comune,
attraverso
frasari codificati,
alfabeti numerici,
che vagano nello spazio,
catturati da fibre,
trasportati da lame di luce
che la vista non percepisce:
necessità di un linguaggio
cosmopolita.

«Un linguaggio cosmopolita»,
poesia inedita di Giuseppina Tripodi

L'*Homo sapiens* si avvale del linguaggio come sistema di comunicazione orale, un sistema che differisce totalmente da quello dei mammiferi e primati sub-umani e che consiste nel possedere la facoltà di esprimersi e di poter dialogare con altri individui dello stesso gruppo etnico.

Stephen Pinker, noto esperto nel settore delle neuroscienze, usa il termine di «istinto» nell'acquisizione del linguaggio, in antitesi al concetto che il linguaggio sia un artefatto culturale e non innato. L'autore, nel suo eccellente saggio dal titolo *L'istinto del linguaggio*,[1] paragona la capacità innata di saper parlare con quella del ragno nel saper tessere la sua tela.

Prima della scoperta dell'alfabeto fonetico, attribuita ai Fenici in un'epoca che risale a circa 2000-1500 anni a.C., la rappresentazione degli oggetti o di situazioni avveniva attraverso il metodo iconografico o pittorico. In un secondo tempo il sistema ideografico che collegava la parola al segno era costituito da segni convenzionali rappresentanti concetti o cose e

---

1. Stephen Pinker, *L'istinto del linguaggio*, Mondadori, Milano 1997.

usato come scrittura monumentale fino al III secolo d.C. Verso il 1500 a.C. i geroglifici[2] assumono valore fonetico, con gruppi di due o tre consonanti fino ad arrivare a una sola, con ciascun segno corrispondente a un suono. Questo costituisce ancora oggi l'attuale alfabeto.

«La storia occidentale si modellò per circa tremila anni sull'introduzione dell'alfabeto fonetico, medium che per la comprensione si affida esclusivamente all'occhio. L'alfabeto è una costruzione fatta di parti frammentarie, senza significato semantico proprio, che devono essere disposte in riga, a guisa di cordoncino, e in ordine prestabilito. Il suo uso fece nascere e incoraggiò l'abitudine di percepire tutto l'ambiente in termini visivi e spaziali e soprattutto in termini di uno spazio e di un tempo uniformi, c,o,n,t,i,n,u,i e co-n-n-e-s-s-i.»[3] È quanto affermato dal socio-antropologo Marshall McLuhan, che ritiene l'invenzione dell'alfabeto responsabile di aver portato l'uomo a servirsi della vista, e a sua volta «l'orientamento visivo» dell'uomo determinante il concetto di causa e di effetto. Quando gli esseri umani cominciarono a tradurre in

---

2. Geroglifico = termine che proviene dalla lingua greca (*hieroglyphicòs*) formato da *hieròs* (sacro) e *glyphein* (scrivere), in quanto la scrittura era infatti appannaggio dei sacerdoti, quindi era sacra. La scrittura geroglifica è definita «monumentale» poiché veniva usata per le iscrizioni scolpite sulle pareti dei templi e delle tombe.
3. Marshall McLuhan, *Gli strumenti del comunicare*, Il Saggiatore, Milano 1967.

iscritto i loro pensieri, furono costretti a usare una serie di parole che assumevano significato a seconda di come erano legate l'una all'altra. Si incominciò a pensare con proposizioni susseguenti in ordine logico. Fu così che nacque la logica dell'uomo moderno.

L'uomo, nel corso di migliaia di anni, attraverso il linguaggio orale e scritto ha stabilito un sistema di comunicazione con i membri della sua stessa etnia che gli ha fornito le basi di una cultura tramandata di generazione in generazione.

Un biosistema, questo, che ha cementato l'unione tra individui viventi, con i progenitori e i successori. Tale patrimonio culturale tramandato sin da epoche greco-romane, romane, fino a periodi pre-rinascimentali, non costituiva soltanto il privilegio dei religiosi e dei nobili attraverso l'opera degli amanuensi dediti a eternare le loro gesta, ma era anche l'attività di scrittori reclutati tra gli schiavi eruditi (*servus a manu*) che redigevano più copie di una stessa opera.

Nel 1439 Johann Gutenberg ha fornito, con l'invenzione di una macchina per la stampa, un sistema di straordinaria portata per la diffusione della cultura.

La produzione di libri, a livello industriale e non più manuale, e quindi la diffusione del pensiero, della letteratura o arte, hanno portato all'alfabetizzazione delle masse.

In tempi recenti un eminente esperto del linguaggio, Noam Chomsky, ha affermato che «lo studio del linguaggio ha una lunga e ricca storia, sviluppatasi nel corso di migliaia di anni. Tale studio è stato inteso come un'indagine sulla natura della mente e del pensiero [...] la facoltà del linguaggio dell'uomo è un'arte o tecnica che mostra come determinate lingue realizzino i principi generali della ragione umana».[4]

D'altra parte, la diffusione di linguaggi diversi, anche di un particolare gruppo etnico, ha creato barriere tra appartenenti a popolazioni che non parlavano la stessa lingua.

La migrazione di una determinata etnia, come sostenuto dal genetista Luca Cavalli-Sforza,[5] comporta la separazione dalla famiglia di origine, crea differenze fisiche, e allo stesso tempo provoca una differenziazione dei caratteri culturali, quali il linguaggio. «La storia delle successive separazioni tra i vari gruppi umani ha causato differenziamento sia genetico, sia culturale e linguistico [...].»

Il linguaggio è il mezzo con il quale comunichiamo con gli altri per trasferire i nostri pensieri, le nostre impressioni, e si può definire con il termine di «linguaggio naturale».

L'individuo odierno usufruisce di un immenso patrimonio culturale, proveniente dall'accesso a un panorama sconfinato di informazioni. Questo scenario gli è stato elargito dal vertiginoso sviluppo scientifico e tecnologico che ha trasformato un mondo statico in un universo altamente dinamico mediante l'utilizzo dell'informatica. Tale scienza indica l'insieme delle

---

4. Noam Chomsky, *La conoscenza del linguaggio*, Il Saggiatore, Milano 1989.
5. Luca e Francesco Cavalli-Sforza, *In cerca dello sviluppo compatibile*, «Il Sole 24 Ore», 19 dicembre 1999.

tecniche per il trattamento automatico delle informazioni mediante un elaboratore elettronico, quale il computer. Il termine «informatica» fu coniato nel 1962 dall'ingegnere francese Philippe Dreyfus dalla combinazione di due parole: INFORmazione autoMATICA.

L'imponente diffusione delle nuove tecnologie ha sviluppato tale concetto, in quanto la trasmissione e il trasferimento delle informazioni hanno assunto un ruolo primario nel sistema informatico, alla pari con l'elaborazione dell'informazione, il calcolo e il controllo dei processi.

Lo sviluppo delle scienze informatiche ha dato origine all'acquisizione di un linguaggio designato con il termine «artificiale» che, a differenza di quello comune tra gli esseri umani definito «naturale», non è istintivo.

L'informatica ha trovato inizialmente la sua applicazione in campo militare e scientifico. Una prima utilizzazione si è verificata nel calcolo numerico per la soluzione di problemi matematici ottenuta con una velocità di gran lunga superiore al calcolo manuale. La nascita dell'informatica è inoltre derivata dall'esigenza di far fronte all'archiviazione di un numero in continuo crescendo di dati nell'era industriale. Il meccanismo con il quale operavano le prime macchine da calcolo era elettromeccanico. Allo scopo di eseguire operazioni sempre più rapide veniva costruito il primo vero calcolatore elettronico (ENIAC).

Nei decenni seguenti il calcolatore elettronico è stato composto di una parte hardware e di una software (la prima concernente la struttura rigida, la seconda riguardante la parte morbida costituita dai programmi). Il linguaggio dei computer è rappresentato da una serie infinita di cifre binarie (bit = **bi**nary dig**it**)[6] prive di consistenza che viaggiano alla velocità della luce.

Per «dialogare» con la macchina si deve istruirla su quali operazioni intraprendere e quali scelte effettuare nel verificarsi di condizioni diverse. Questa comunicazione, in realtà complessa, ma non tale da poter essere paragonata a quella umana, si può realizzare soltanto attraverso un linguaggio composto da una struttura molto chiara e ben definita. Un linguaggio pensato in modo tale che non possano esistere ambiguità, in quanto la macchina è solo in grado di eseguire e non interpretare.

Con questo linguaggio, corredato di un vocabolario con una sintassi molto rigida, il computer non possiede la capacità di «portare avanti una conversazione», nel senso usuale del termine, ma attraverso una lista di istruzioni, che sono i programmi, può eseguire elaborazioni a seconda dei dati inseriti dall'esterno.

Il sistema di numerazione binario non è certo adeguato agli esseri umani, che imparano a contare servendosi delle dieci dita delle mani, ma è l'ideale per gli elaboratori, che possono usufruire solo di due stati: presenza o assenza di corrente elettrica – come una

---

6. Bit = la più piccola unità di informazione: esistono solo due bit, 1 e 0.

lampadina elettrica che accesa è uguale a 1 (presenza) e spenta corrisponde a 0 (assenza di corrente). Il codice binario, fatto di 0 e di 1, che equivalgono a messaggi tipo «circuito aperto» e «circuito chiuso», è il solo linguaggio che un computer può comprendere. A un numero qualsiasi si associa una lettera e il numero ovviamente deve essere un numero binario, perché il computer comprende solo questo tipo di numeri.[7]

Le informazioni che il computer elabora e trasmette tramite il codice binario condividono con il linguaggio decimale[8] la proprietà di rappresentare, non solo gli oggetti inanimati e animati, ma anche l'elaborato del pensiero. Il linguaggio del codice binario è traducibile, attraverso il linguaggio decimale, in quello umano, e in questa veste raggiunge, attraverso i collegamenti di rete Internet, milioni di utenti in tutto il globo.

Uno dei più noti esperti mondiali di comunicazione digitale, Nicholas Negroponte, direttore del Media Lab al MIT (Massachusetts Institute of Technology), espone la differenza tra i sistemi di comunicazione

7. Il codice Ascii (American Standard Code Information Interchange) è un insieme di 256 caratteri attraverso i quali ciascuno di questi è tradotto nel sistema binario (256 è esattamente il numero delle combinazioni dei valori 0 e 1).
8. Oltre al sistema di numerazione binario si possono ricordare il sistema ottale, composto da otto simboli, o esadecimale, con sedici simboli. Sia otto che sedici sono multipli di due, e questi due sistemi di numerazione assumono una fondamentale importanza nel linguaggio del computer.

quali quotidiani, riviste e libri (atomi) e i bit (binary unit), che rappresentano l'insieme delle informazioni contenute.[9] Già nel 1995, infatti, sosteneva che le vie d'accesso alle autostrade delle informazioni sono percorse in continuo crescendo da bit, definiti dall'autore il più piccolo elemento del DNA dell'informazione.

All'inizio del terzo millennio, la diffusione delle informazioni ha radicalmente trasformato i rapporti tra individui appartenenti a differenti gruppi etnici, superando tutte le barriere di natura materiale e ideologica alla base delle guerre e degli eccidi che, ancora oggi, creano tragiche conseguenze.

L'accesso al dialogo universale ha raggiunto il più alto livello tra quanti si possono avvalere dell'utilizzo delle tecnologie informatiche sin dai primi anni di vita.

È un sistema, questo, che affronta le difficoltà, non solo linguistiche, ma anche differenze quali l'appartenenza a religioni e modi di vita diversi. Il linguaggio universale fornisce l'accesso a informazioni in tempo reale oltre che non assoggettate al controllo di regimi totalitari e senza confini territoriali.

Servizi senza filo, quali torri di trasmissione con ricezione di segnali nella gamma di microonde, trasportano una grande quantità di dati, e satelliti «ancorati» a orbite di gestazioni incrociano lo spazio per collegare persone che non hanno a tutt'oggi la possibilità di accesso ai più usuali sistemi di comunicazio-

9. Nicholas Negroponte, *Essere digitali*, Sperling & Kupfer, Milano 1999.

ne civile. I collegamenti possono anche aver luogo mediante reti integrate che si stanno costruendo a mezzo di fibre ottiche e commutatori ad alta velocità.

La rete Internet (Web),[10] nonostante le informazioni alle quali offre accesso, siano esse di natura valida o negativa, come ritenuto da esperti in materia, è una cassa di risonanza notevole per fronteggiare situazioni di emergenza a livello mondiale.

Alle categorie giovanili del terzo millennio il linguaggio universale offre la possibilità di mettere le proprie potenzialità al servizio del bene comune nel villaggio globale al quale oggi hanno il privilegio di appartenere.

Le relazioni tra uomo, linguaggio e universo sono all'interno di un processo permanente di ridefinizione. Come affermato da Adonis, uno dei più grandi poeti contemporanei, «la globalizzazione attiene all'espansione e il suo movimento è orizzontale e abolisce i confini. [...] Il linguaggio non dovrebbe fossilizzarsi, esso è in continua trasformazione e il suo significato è sempre al culmine del percorso creativo».[11]

---

10. Web = sistema globale per il recupero e la gestione di documenti ipermediali, basato sul concetto di uno spazio di informazioni senza soluzione di continuità, nel quale ogni genere di informazione digitale può essere raggiunto anche senza intermediazione, e sull'architettura client-server (www.saggiatore.it).
11. Adonis, *Un ponte di rime tra le civiltà*, «Il Sole 24 Ore», 1° settembre 2002.

Reti locali per scopi globali

Io ho un sogno
...sogno che tutti gli uomini
sono stati creati uguali.
Sogno che un giorno
sulle rosse colline
della Georgia figli di
antichi schiavi e
figli di antichi schiavisti
possano sedere insieme
alla tavola della fratellanza.
Sogno che un giorno
anche il desertico
Stato del Mississippi,
soffocante per il calore
dell'ingiustizia e dell'oppressione,
sia trasformato in
un'oasi di libertà
e di giustizia.

Martin Luther King,
discorso del 28 agosto 1963

Il sogno di Martin Luther King si è in parte o quasi del tutto avverato. I figli degli schiavisti e degli schiavi hanno uguale accesso agli stessi vantaggi sociali, incluso quello dell'istruzione.

Tali possibilità si sono verificate non solo «sulle rosse colline della Georgia» o nel «desertico Stato del Mississippi», ma si sono estese anche alla maggior parte di Paesi del Nord del globo.

Tuttavia, oggi gli appartenenti ai Paesi emergenti non hanno ancora accesso ai «tavoli» dell'economia mondiale, non è concesso loro di partecipare ai movimenti di un capitale che non possiedono.

Questo non tanto per avvalersi dei più elementari diritti politico-sociali, quanto per il riconoscimento del diritto di vivere e non di sopravvivere.

Il dominio finanziario dei sistemi «globalitari» dagli ultimi decenni del secolo scorso all'inizio di questo ha aumentato il divario tra il Nord e il Sud del mondo: ha arricchito i possidenti e impoverito i nullatenenti.

La crescita economica e lo sviluppo di vita, anche se intimamente correlati tra loro, presuppongono un numero enorme di miglioramenti nelle condizioni sociali di una popolazione. Tuttavia non è sufficiente promuovere lo sviluppo, in quanto una distribuzione disomogenea del reddito trasforma la crescita in un vantaggio soltanto per i più ricchi provocando ulteriori peggioramenti nelle condizioni di vita dei poveri.

Sin dagli anni Ottanta si evidenzia l'esigenza di conciliare una crescita economica e un'equa distribuzione delle risorse in un nuovo modello di sviluppo. In questo contesto viene individuato il concetto di una sostenibilità dello sviluppo in tutti i campi dell'attività umana.

La Commissione Brundtland[1] definisce lo sviluppo come un processo in grado «di soddisfare i bisogni delle generazioni attuali senza compromettere la capacità delle generazioni future di soddisfare le loro necessità».

Un processo, questo, mediante il quale lo sfruttamento delle risorse, la direzione degli investimenti, l'orientamento dello sviluppo tecnologico e il cambiamento istituzionale dovrebbero essere tutti in armonia, e accrescere le potenzialità presenti e future per il soddisfacimento delle aspirazioni e dei bisogni umani.

L'economista Samir Amin,[2] insieme ad altri eminenti esperti dello stesso settore, negli anni Settanta aveva individuato alcune forme di sviluppo «autocentrante», basate cioè sull'esigenza dei bisogni nazionali e non sulle esportazioni. Queste politiche di sviluppo sono purtroppo fallite, molto probabilmente per

---

1. Rapporto Brundtland, WCED, 1987.
2. Samir Amin, *Lo sviluppo ineguale*, Einaudi, Torino 1977.

l'intento dei produttori nazionali a esportare i loro prodotti all'estero.

I fenomeni di mondializzazione dell'economia e di concentrazione del capitale hanno annullato l'accesso dei non possidenti al mondo globale. Fenomeni, questi, che si riflettono sugli sviluppi socio-culturali dei Paesi emergenti e che condannano l'80% della popolazione mondiale alla povertà.

Cosa si intende per globalizzazione?

Di norma la globalizzazione indica l'interconnessione del mondo in diversi settori, da quello economico a quello finanziario, politico, culturale ecc.

Lo sviluppo democratico, inteso come processo di evoluzione sociale, economica e culturale, in qualunque ambito si attui, sia a livello del singolo, che nelle società e nell'intera nazione, crea prospettive di vita libere da repressioni di qualsiasi natura e determina il diritto alla partecipazione locale e globale nell'affrontare problematiche alle quali l'individuo in precedenza non aveva possibilità di accesso. Secondo la definizione dell'UNDP (Agenzia delle Nazioni Unite sullo Sviluppo), per «sviluppo umano» si intende «il processo che permette alle persone di ampliare la propria gamma di scelte. Il reddito è una di queste scelte, ma non rappresenta la somma totale delle esperienze umane. Lo sviluppo umano, di conseguenza, non può essere promosso da una ricerca a senso unico della sola crescita economica. La quantità della crescita è fondamentale [...] ma altrettanto importante è la distribuzione della crescita, vale a dire se le persone partecipano pienamente al processo di crescita».

Ma non ci sarà crescita se si permetterà la migrazione libera del capitale economico e finanziario da un Paese a un altro.

Non ci sarà sviluppo se il risparmio derivante dalla diminuzione delle tasse fatta alle grandi imprese e ai capitalisti sarà rivolto verso investimenti «depositati» in paradisi al sicuro dagli artigli del fisco.

Non ci sarà una tutela dei diritti se si praticherà l'introduzione di una tassa sulla fruizione dei servizi essenziali, quali la sanità e la scuola.

Non avverrà mai l'eliminazione delle cosiddette «illibertà», così definite dall'economista Amartya Sen, se saranno abolite le norme che tutelano le categorie più deboli e non si creeranno condizioni sempre più adeguate a impedire l'arricchimento dei singoli capitalisti.

In un recente saggio, Noam Chomsky afferma che il neoliberismo odierno non è altro che una nuova forma di lotta condotta da secoli da gruppi di capitalisti per ridimensionare i diritti e il potere socio-politico delle grandi masse. L'autore denuncia quanto elaborato dal Washington Consensus (WC) che «è stato applicato in vari modi, spesso imponendolo alle società più vulnerabili sotto forma di programmi strutturali vincolanti. Le regole di base sono, in sintesi, le seguenti: liberalizzare il commercio e la finanza, lasciare che sia il mercato a determinare i prezzi, eliminare l'inflazione, privatizzare [...]. Le decisioni che impongono tale "credo" naturalmente influiscono in misura determinante sull'ordine globale».[3]

---

3. Noam Chomsky, *Sulla nostra pelle – Mercato globale o movimento globale?*, Tropea, Milano 1999.

Il debito dei Paesi poveri supera i duemila miliardi di dollari. Soldi, questi, che spesso sono serviti per finanziare governi totalitari, e purtroppo anche quelli a regime democratico, nel commercio d'armi e nella corruzione. La crisi del debito deriva da profondi squilibri dell'economia mondiale: per procurarsi la valuta estera necessaria e fronteggiare i mercati internazionali, i Paesi poveri sono costretti a orientare le loro economie verso l'esportazione, causando così scompensi sociali e ambientali e ulteriore povertà.

In varie sedi e riunioni di governi internazionali è stato proposto di adottare un sistema di tassazione denominato Tobin Tax.

La liberalizzazione dei mercati finanziari ha portato a un aumento rilevante dell'economia finanziaria rispetto a quella reale. Ogni giorno sui mercati vengono scambiati 1800 miliardi di dollari, il 95% dei quali è collegato ad attività di natura speculativa. Questo squilibrio provoca un forte clima di incertezza e instabilità economica.

Quando nel 1972 la Tobin Tax fu proposta da James Tobin, premio Nobel per l'Economia nel 1981, fu totalmente ignorata in quanto incideva sulle transazioni del capitale, privilegio dell'alta finanza. La proposta tassazione aveva come finalità tre obiettivi:

- la disincentivazione delle operazioni speculative sulle valute;
- l'accrescimento dell'autonomia delle autorità monetarie nazionali nella determinazione dei tassi di interesse;

- il prelevamento di fondi da destinare alla cooperazione allo sviluppo.

La Tobin Tax prevedeva, a questo fine, un'imposta da prelevare sulla circolazione internazionale del capitale che poteva consistere nello 0,01%, e di questo lo 0,025% da destinare all'annullamento del debito dei Paesi emergenti.

A tutt'oggi la sua applicazione non è prevista dai componenti della politica, ma la logica economica ha valutato che, essendo il volume d'affari dei mercati dei cambi, al netto quotidiano, pari a circa 1800 miliardi di dollari, da una valutazione fissa in 18 miliardi di dollari giornalieri basterebbe adottare un tasso dell'1%.

Il ricavo di questa tassa potrebbe essere destinato al finanziamento dell'attività esplicata dalla componente giovanile a livello planetario.

Le situazioni da fronteggiare in ogni campo (ambientale, agro-alimentare, sanitario ecc.) sono tali da esigere un coinvolgimento a tappeto di giovani, prescelti in base alle rispettive competenze e attitudini.

L'iniziativa condotta dal Glocal Forum, un'organizzazione non governativa presieduta da Uri Savir e sostenuta da eminenti personalità internazionali impegnate nel settore socio-politico, è quantomai innovativa. La sua formulazione, nel 2001, considera la creazione di un nuovo equilibrio tra forze locali e globali, nel concetto del ruolo preminente delle città del mondo. Per «localizzazione» si intende una riforma del sistema tradizionale attraverso le azioni delle città, considerate in questo contesto come pietre miliari. Dato il completo fallimento sia nel sistema della cooperazione internazionale che nel sistema della diplomazia, mediante questa organizzazione internazionale si spera di riuscire a fornire un'alternativa alle soluzioni delle problematiche che investono i Paesi in via di sviluppo, colpiti dalla povertà, dalle malattie e dalle guerre.

Le comunità locali rivestono una funzione centrale nelle relazioni internazionali assegnando ai propri sindaci il ruolo di ambasciatori, avvalendosi delle competenze dei propri cittadini nel perseguimento dello scambio interculturale.

A questo scopo il progetto utilizza lo sviluppo di reti tra città del Nord e del Sud del mondo (*city-to-city*), mettendo in atto una sinergia globale di istituzioni pubbliche e private per usare correttamente le risorse a disposizione, così da far fronte ai bisogni locali dei Paesi emergenti. L'idea è quella di integrare i settori sanitario, nutrizionale e tecnologico nella creazione, in cooperazione con le municipalità locali, di centri per l'assistenza e la formazione di bambini e giovani che vivono nelle regioni del mondo colpite dalla violenza della guerra.

L'azione delle comunità locali in questioni globali (*bottom up*) viene definita «localizzazione», e si contrappone alla «globalizzazione» (*top down*), che consiste nel derogare i poteri globali alle autorità governative.

Nella promozione e nello sviluppo di questa rete gioca un ruolo fondamentale la categoria della componente giovanile. A questo scopo il Glocal Forum ha creato una rete globale-locale di giovani denominata Glocal Youth Parliament (GYP), che si pone la finalità di partecipare attivamente alle decisioni delle rispettive amministrazioni locali e alla cooperazione tra le città.

L'obiettivo è quello di realizzare centri WAF (We Are the Future) in tutte le città che sono state scenario di guerra. I progetti avviati nel settore dell'agricoltura e dell'alimentazione sono numerosi e si definiscono sulla base delle condizioni e dei bisogni locali. La formazione dei giovani dovrà sviluppare competenze tecniche e sociali necessarie per gestire programmi nutrizionali al fine di assicurare la sostenibilità.

Per quanto concerne il settore della salute, il progetto di telemedicina prevede l'avvio di corsi di formazione ed educazione sanitaria per una capillare diffusione di teorie e metodi di prevenzione delle malattie infettive attraverso unità mobili di primo soccorso.

La promozione della pace è uno dei principali obiettivi della cooperazione *city-to-city* volto a identificare interessi comuni nelle problematiche socio-economiche per fronteggiare lo sterile orgoglio nazionale.

Una strategia innovativa di approccio allo sviluppo è la creazione di piattaforme telematiche allo scopo di un'interattività da parte delle comunità locali e di fornire uno scambio e un supporto nei settori dell'*e-procurement* e del turismo.

Un altro degli obiettivi che il Glocal Forum persegue è la promozione dello sport e dell'arte mediante una serie di iniziative per sensibilizzare i giovani alla cultura sportiva e sviluppare la loro creatività. La tutela dell'identità culturale rappresenta il mezzo più efficace per la comunicazione interculturale e l'unione fra tutti i popoli.

Tra le cinque aree di intervento, la componente della salute è svolta attraverso un sistema di cliniche mobili ideate al fine di raggiungere le aree più periferiche dei centri urbani per la somministrazione di trattamenti anti-virali, fornire educazione sanitaria di base e promuovere campagne di sensibilizzazione sulle tematiche della prevenzione.

La trasmissione di tali contenuti è affidata ai giovani, instaurando così un ciclo virtuoso per ridurre la pressione della disoccupazione in aree notoriamente svantaggiate. L'inserimento dei giovani, appartenenti a diversi Paesi, si attua, nella qualità di membri, attraverso l'iscrizione al GYP e una selezione sulla base delle rispettive competenze. Il programma We Are the Future ha appunto come scopo prioritario di fornire una speranza ai bambini e giovani di tutto il globo per una coalizione internazionale che opera per la pace e la mondialità.

Il presidente della Banca Mondiale, James Wolfensohn, ha lanciato un messaggio ai giovani che hanno partecipato al Glocal Forum nel maggio 2003 tenutosi a Roma: «Fatevi coinvolgere, rimanete critici, ma siate costruttivi [...]. Siate pronti a farvi valere, ma anche ad ascoltare [...]. C'è la necessità di coinvolgere più gente nella lotta contro la povertà». Non si può lasciare che questo compito venga assolto dai governi centrali solamente. Le amministrazioni cittadine sono fondamentali nel processo di crescita e assistenza ai Paesi in via di sviluppo: «Pensare globalmente, agire localmente».

Oggi il divario che separa il Nord dal Sud del mondo si è fatto sempre più profondo. Le economie forti, le nazioni definite industrializzate, sono lontane dall'aver abbandonato le strategie coloniali del secolo scorso. D'altra parte hanno messo in atto progetti di sfruttamento continuo dei Paesi in via di sviluppo, fomentando le guerre etniche e sociali per indebolire la civiltà e l'energia del progresso naturalmente insite in ogni popolazione.

Per consentire ai Paesi in via di sviluppo di partecipare pienamente al sistema economico mondiale senza distruggere le risorse naturali e senza compromettere la sopravvivenza del genere umano, è imperativo coinvolgere istituzioni internazionali, governi, autorità locali private e pubbliche.

Padre Alex Zanotelli suggerisce una strategia lillipuziana che deve essere adottata per fronteggiare gli effetti della globalizzazione. Ritiene infatti che questo fenomeno si possa fronteggiare con una serie «di piccoli fili che nascono dal basso: cooperative, enti, entità, comunità che si collegano fra loro, utilizzando i mezzi che abbiamo [...] per riaggregarsi in una globalizzazione che parta dal basso, che dia potere al basso, che faccia nascere cultura, comunità, pensiero, che sia l'opposto di quello che è il sistema. E questo che nascerà dal basso, sarà la nuova maniera di fare politica, non si tratterà più come nella strategia sandinista di arrivare al potere [...]. Non sappiamo che cosa sarà un potere alternativo a questo. Ma dovrà nascere dal basso, se l'uomo vuol vivere».[4]

Ci si chiede chi potrebbe finanziare le microimprese e l'economia informale, in particolare nelle zone povere del pianeta e in quelle depresse, nell'ambito dei Paesi industrializzati. Non certamente gli istituti di credito tradizionali.

Un esperimento iniziale avviato in Bangladesh si è rilevato uno strumento efficace per la lotta alla povertà. Muhammad Yunus, nel 1970, dopo la laurea in Economia alla Vanderbilt University, è ritornato nel suo Paese per insegnare all'Università di Chittantong. La sede dell'università si trovava in una zona rurale e ogni giorno Yunus aveva modo di stare a contatto con le numerose famiglie che versavano in condizioni di estrema povertà. La tragedia quotidiana di fronte alla quale si trovava lo spinse a escogitare una strategia per fronteggiare i notevoli disagi economici delle persone. Con il denaro di un prestito ricevuto dalla banca locale finanziò i poveri, i quali riuscirono a rimborsargli la loro quota. Oggi, la «banca di villaggio» (Banca Grameen) opera in circa 39.000 villaggi del Bangladesh con 2,4 milioni di clienti il 94% dei quali è composto da donne. Tale modello, che non rientra nell'organizzazione caritatevole ma in un istituto che produce profitti, è stato diffuso in 40 Paesi, tra i quali la Malesia, che garantisce attualmente prestiti a

4. Lavinia Sommaruga Bodeo, *Per un economia di equità nella dignità*, «Saper Scegliere, Consumi», 2001.

40.000 famiglie povere con una percentuale di rimborsi intorno al 100%.

Da questa stessa istituzione bancaria sono nate molte aziende, tra le quali quelle di forniture telefoniche o di elettricità, consentendo inoltre alle donne l'acquisto di quote sociali.

«Il microcredito permette ai poveri e agli scalzi di accedere a una opportunità che di solito è esclusivo appannaggio dei ricchi, accade così che quegli aspetti della società che sembravano rigidi, fissi e inamovibili comincino a diventare più fluidi, e attraverso lo sviluppo economico le persone si affranchino da tutto un insieme di ingiunzioni e regole.»[5]

L'accesso al credito è soltanto per chi può mettere a rischio, come garanzia, i propri beni personali (con valore sul mercato). I poveri non hanno accesso al credito in quanto non offrono garanzie e il rischio di mancato rimborso è alto.

Il microcredito nasce proprio per dare la possibilità ai poveri di accedere a un finanziamento secondo modalità adeguate, con apprezzabili risultati sotto il profilo bancario e quello della lotta contro la povertà.

Una conferma viene da fonti autorevoli: uno studio della Banca Mondiale sostiene che i programmi di microcredito accrescono gli standard di vita soprattutto per le donne e i loro familiari. Le esperienze di microcredito più interessanti hanno evidenziato alcuni aspetti critici ed elementi di successo.

---

5. Muhammad Yunus, «Le scienze», 389, gennaio 2001.

Non basta dare il denaro al povero. Occorre educare all'uso del denaro. Da questo punto di vista le donne si sono rivelate molto più affidabili degli uomini. Un elemento che accomuna le più riuscite iniziative di microcredito nel mondo non sviluppato è il ruolo accentuato dal finanziamento alle donne. Eppure proprio le donne, nella maggioranza dei Paesi emergenti, non hanno accesso né alla terra, né al credito e neppure ad altre risorse che consentano loro di produrre cibo e che generino reddito in quantità sufficiente. Se le donne in questi Paesi, negli ultimi anni, sono riuscite ad avviare iniziative economiche autonome, lo si deve in gran parte alla realizzazione delle suddette reti, a livello locale ma a espansione globale.

I progetti di microcredito vedono nelle donne imprenditori capaci di sfruttare un potenziale economico in una comunità altrimenti emarginata. Lo scenario attuale offre al movimento cooperativo nuove opportunità basate su fattori del profitto e della competizione.

È stato evidenziato che l'assunzione individuale di responsabilità presenta aspetti positivi non trascurabili, quali quelli connessi alle libertà delle quali ogni individuo può usufruire. Le popolazioni del Sud del mondo sono alla ricerca di un sistema di valori che fornisca loro un senso di identità e un modo diverso da quello attuale di migliorare le condizioni di vita e costruire il loro futuro. Sono quindi sempre più disponibili a sperimentare forme di partecipazione attiva, quale risposta ai propri bisogni.

Come affermato da Ivano Barberini, presidente

della ICA (International Cooperative Alleance): «Occorre studio, lavoro, applicazione, tecnica. Occorre un'armonia di relazione centrata sulla creazione e condivisione del sapere fra molti. È in questo campo che il movimento cooperativo esprime le sue più alte potenzialità, che sono alla base della esperienza storica e della vocazione a essere rete di imprese e movimento [...]. L'idea della centralità della persona ha portato a superare con successo limiti che sembravano invalicabili, nella creazione di nuove generazioni di cooperative».[6]

È imperativo quindi pervenire a una globalizzazione equa mediante attività sinergiche di cooperazione.

L'economista Amartya Sen[7] espone il suo punto di vista sugli effetti positivi e i fattori negativi che investono l'economia e la politica della globalizzazione. Valutando i valori connessi al mondo planetario afferma che: «C'è bisogno di interrogarsi non soltanto sull'economia e sulla politica della globalizzazione, ma anche sui valori che contribuiscono alla concezione del mondo globale, senza lasciarsi sopraffare da un misto di ottimismo testardo e di pessimismo dissennato. C'è bisogno di riflettere non solo sugli impegni dettati da un'etica globale, ma sulla necessità di mettere le istituzioni internazionali al servizio del mondo

---

6. Ivano Barberini, intervento al 36° Congresso Nazionale Legacoop, Roma 28-30 novembre 2002.
7. Amartya Sen, *Globalmente rassegnati*, «Il Sole 24 Ore», 8 luglio 2001.

e di estendere il ruolo delle istituzioni sociali in ogni Paese».

La strategia formulata dalle cooperative, intese come impresa, offre l'opportunità di valorizzare il capitale umano, la più preziosa risorsa per sconfiggere la povertà.

Per l'intero genere umano, lo sviluppo dovrà assumere un significato di valore universale, molto più ampio di quello che può avere nel contesto di singole società e di punti di vista individuali. Il suo raggio di azione dovrà essere articolato da locale a mondiale e viceversa, e dovrà erigersi a modello efficace per le generazioni future.

L'istruzione: antidoto alle illibertà

Con l'istruzione si sconfigge l'ignoranza che è alle radici della povertà e della fame.

L'istruzione è la chiave di accesso, sia per acquisire conoscenza, che per combattere le molteplici cause che innescano processi di mancata libertà.

Nella seconda metà del secolo scorso si è evidenziato il ruolo fondamentale che assume l'istruzione nel contesto sociale di ogni Paese. L'economista Gary Becker, premio Nobel 1992, ha contrapposto il capitale economico a quello da lui definito capitale umano. Il livello culturale di un Paese è determinato dalla capacità di promuovere l'istruzione e di mettere le conoscenze al servizio della propria comunità.

Un altro esperto in economia, Amartya Sen, premio Nobel 1998, ha approfondito in questo senso il concetto del significato di sviluppo: l'essere istruiti non solo accresce il valore economico della produzione della persona, attraverso il suo reddito, ma «può dare dei benefici anche a reddito invariato – nel leggere, nel comunicare, nel discutere – in quanto si è in grado di scegliere con maggiore cognizione di causa [...] dunque i benefici vanno al di là del ruolo di capitale umano».[1]

---

1. Amartya Sen, *Lo sviluppo è libertà*, Mondadori, Milano 2000.

L'autore sostiene che si deve riconoscere il ruolo prioritario che vari tipi di libertà svolgono nel combattere i problemi quali la povertà, bisogni primari, carestie, fame, deprivazione economica, non accesso ai servizi sociali e sanitari, e di libertà fondamentali quali la violazione dei diritti politici elementari.

Lo sviluppo, pertanto, richiede che siano eliminate queste cause definite da Amartya Sen con l'appropriato termine di «illibertà».

L'accesso e l'avvalersi dell'istruzione sono sinonimo di sviluppo, inteso come un processo di incremento delle libertà delle quali gode il singolo individuo.

L'istruzione estesa a un numero sempre maggiore di individui è l'unica via percorribile per restituire agli appartenenti ai Paesi emergenti, con il tasso più elevato di analfabetismo, prospettive concrete di recupero e di sviluppo.

A tutt'oggi si calcola che gli analfabeti nel mondo siano 880 milioni. Per questo enorme numero di diseredati non sarà possibile uscire dalla condizione di povertà e di fame senza l'accesso all'istruzione, un diritto, questo, disatteso per la quasi totalità di loro.

Non si può sottovalutare la gravità di tale situazione ed è imperativo, da parte di quanti vivono in condizioni privilegiate, incentivare le opportunità dello sviluppo dei Paesi emergenti.

All'inizio del terzo millennio è prioritaria una immediata revisione dei sistemi educativi a livello planetario.

La Dichiarazione Universale dei Diritti Umani, più di cinquant'anni fa, nella Convenzione sui Diritti dell'Infanzia, enunciava che il ruolo dell'istruzione è essenziale come fattore cruciale per il potenziamento dello sviluppo umano, sia a livello individuale, che sociale. In un rapporto dell'UNICEF veniva riportato che: «Anche se ci sono voluti quasi cinquant'anni perché i diritti all'istruzione proclamati nella Dichiarazione Universale dei Diritti Umani venissero pienamente accettati, tali diritti non sono più negoziabili. È responsabilità del mondo soddisfarli senza ulteriore indugio. Possiamo andare rapidamente avanti con la certezza che l'istruzione per tutti – la traduzione della rivoluzione educativa in una realtà globale – rappresenta l'investimento più saggio che possiamo fare per i nostri figli, per un futuro di pace e prosperità».

Dei 130 milioni di bambini in età scolastica, 80 milioni circa di bambine, in tutto il mondo, non possono accedere all'istruzione.

L'accesso agli studi può innescare meccanismi di trasformazione sociale a livello mondiale. Parafrasando la teoria della «catastrofe a farfalla» del noto matematico René Thom, nella foresta dell'Amazzonia un battito di ali può provocare, anche a distanza di tempo, un uragano al polo opposto del globo. È questo lo scopo che perseguono molte organizzazioni non governative, inclusa la Fondazione Rita Levi-Montalcini Onlus. Come espresso nelle moltissime lettere che vengono inviate dalle ragazze che stanno usufruendo delle borse di studio assegnate loro dalla Fondazione:

> *...non c'è nulla di meglio al mondo che avere un'opportunità per studiare. Sono così felice per il suo aiuto! Non so addirittura cosa dirle, non ho pa-*

role per esprimere i miei ringraziamenti. Lavorerò moltissimo per raggiungere il mio scopo, grazie per avermi aiutato.

Mariam

Sono fortunata perché ho di nuovo ciò che avevo perso. Poter andare al college è sempre stato il sogno che mi ha sorretto nella mia povertà.

Tarikwa Mentiste

Dopo aver completato i miei studi continuerò a prendermi cura dei pazienti che hanno bisogno, specialmente per coloro che non possono parlare: sarò le loro labbra, gamba per chi non può camminare, occhio per chi non vede...

Y.D. Yodit Degezu
(frequenta la scuola per infermiere)

Così scrivono le giovani donne dall'Etiopia, dal Congo, dal Mozambico e da altri Paesi africani, che studiano per diventare infermiere, ottenere un diploma di istruzione superiore o specializzarsi nella cura di gravi malattie neurologiche.

La deprivazione di questo diritto è la causa prima delle tragiche condizioni nelle quali vivono e che si riflettono sull'intero continente.

L'educazione a tutti i livelli, e in particolare a quello universitario e post-universitario, costituisce, infatti, una possibilità per creare una classe istruita di giovani donne e uomini in grado di assumere posizioni direttive a livello sociale, politico e scientifico.

È questa l'unica via percorribile per restituire a quanti vivono nei Paesi del Sud del globo prospettive concrete di recupero e di sviluppo. Solo con l'istruzione è possibile sconfiggere l'ignoranza, particolarmente nelle aree rurali, per le appartenenti al sesso femminile che non possono usufruire dell'istruzione scolastica, per l'obbligo di assicurare assistenza e fornire attività utili alla famiglia, a causa di matrimoni in giovanissima età e di gravidanze nell'adolescenza.

Jacques Delors sostiene che il successo delle riforme educative si basa su tre entità principali: «La comunità locale, composta dai genitori, dagli insegnanti, le autorità pubbliche locali e nazionali e la comunità internazionale».[2] Il ruolo di questi diversi responsabili naturalmente comporta, a livello locale e nazionale, una serie di ostacoli burocratici che hanno creato e creano un blocco allo sviluppo di intervento nel settore dell'istruzione.

Come affermato dal Presidente della Repubblica, Carlo Azeglio Ciampi: «La grande sfida del XXI secolo consiste nell'affrontare e nel superare il divario Nord-Sud. L'Africa è il banco di prova della capacità della comunità internazionale di raccogliere questa sfida [...]. Contrastare le cause profonde dei conflitti, sostenere le azioni di mantenimento della pace, incoraggiare il buon governo e politiche sociali atte a realizzare educazione, salute e pari opportunità per

2. Jacques Delors, *Nell'educazione un tesoro*, Armando, Roma 1996.

tutti, rompere il circolo vizioso della povertà estrema che condanna ancora oggi centinaia di milioni di persone nel sub-continente a lottare per la sopravvivenza: questi gli obiettivi da perseguire [...]. Di fronte alle sfide del XXI secolo, i Paesi occidentali sono direttamente esposti alle ricadute negative di un irrisolto isolamento dell'Africa dalle correnti mondiali di interscambio economico, politico e culturale».[3]

Con l'istruzione si possono abbattere barriere e si possono disattivare le illibertà che altrimenti sembrano insormontabili, che consistono nella non padronanza di se stessi, nell'essere soggetti alla fame e alla povertà, alle ingiustizie e all'ignoranza, alla paura di esprimere opinioni.

La comunità internazionale, attraverso l'unione dei governi di tutto il mondo, deve combattere l'analfabetismo per garantire a tutti gli appartenenti ad ambo i sessi l'istruzione di base, gratuita e di qualità, e finanziare progetti nel campo dell'istruzione primaria, adeguati alla realtà sociale di ogni Paese.

Il perseguimento di tale finalità non ha solo lo scopo umanitario, ma anche quello di impedire che le emigrazioni in forma massiccia abbiano ripercussioni nei Paesi ad alto livello tecnologico e culturale nei quali si verificano, quasi sempre clandestinamente.

---

3. Intervento del Presidente della Repubblica Carlo Azeglio Ciampi in occasione della celebrazione della «Giornata dell'Africa», Istituto Italiano per l'Africa e l'Oriente, Roma 27 maggio 2003.

Negli ultimi trent'anni si è evidenziata una riduzione del 44% della malnutrizione infantile, un risultato questo, da attribuire all'istruzione delle donne, come affermato dall'Istituto Internazionale per la Ricerca sulle Politiche Alimentari. La Banca Mondiale ha fornito un notevole supporto all'istruzione femminile. Nel 1992, il presidente della Banca Mondiale Lawrence H. Summers ha affermato che: «L'investimento nell'istruzione femminile potrebbe offrire il tasso di rimunerazione sul capitale più alto nei Paesi in via di sviluppo».

L'importanza di investire nell'istruzione femminile è riconosciuta a livello internazionale e arreca ai Paesi emergenti e alle generazioni future dei vantaggi notevoli: le ragazze che possono avvalersi di un'istruzione si sposano più tardi e i figli usufruiscono, a loro volta, dei vantaggi di una cultura che porta allo sviluppo politico, sociale ed economico dei Paesi dove abitano.

Nel lontano 1937, la grande scrittrice Virginia Woolf, nel suo saggio *Le tre ghinee*, immagina di ricevere tre lettere che contengono una richiesta in denaro per tre cause: prevenire la guerra, fondare un'università femminile e assistere le donne che vogliono intraprendere una professione. La scrittrice fa comprendere come le tre cause siano identiche e collegate l'una all'altra. Evidenzia e denuncia quanto il ruolo dell'uomo sia preminente sulla donna, protagonista assoluto in un contesto sociale che emargina la donna nella sfera privata. La Woolf così scrive nel suo diario: «Hitler dunque sta accarezzando i suoi spinosi baffetti. L'intero mondo trema: e il mio libro sarà forse come una farfalla sopra un falò, consumato in meno di un secondo».[4] Tuttavia il suo libro «farfalla» ancora oggi è quantomai significativo.

Nonostante che nei Paesi ad alto livello culturale la condizione della donna abbia subito una trasformazione imponente, per le donne dei Paesi emergenti la realizzazione dell'istruzione può significare lo svincolo dalla sopraffazione e dalla violenza e il possesso degli strumenti per uno sviluppo equo e sostenibile.

Nel Rapporto sullo «Stato della popolazione del mondo 2002» dell'UNFA (Fondo delle Nazioni Unite per la Popolazione) sono riportati i dati sulla crescita economica e demografica a lungo termine di quarantacinque Paesi.

È stato quindi rilevato che incentivare l'accesso e l'espansione all'istruzione e ai servizi pubblici, in particolare a quelli riguardanti l'igiene personale, l'utilizzo dell'acqua potabile, il controllo della pianificazione familiare, è di estrema rilevanza. Il Presidente del Sudafrica, Thabo Mbeki, ha affermato che: «I leader dei Paesi dell'Occidente hanno il dovere di pensare e di agire in una prospettiva che vada al di là delle esigenze del momento».[5] Questi leader debbono capire che per estirpare la povertà a livello globale è imperativo identificare le metodologie per liberare le masse dei Paesi emergenti dalla povertà e dal sottosviluppo.

---

4. Woolf Virginia, *Le tre ghinee*, Feltrinelli, Milano 1979.
5. Thabo Mbeki, *Il mal d'Africa e i suoi tutori*, «la Repubblica», 18 luglio 2001.

Le economie forti delle nazioni industrializzate perseguono tuttora, come nei secoli scorsi, durante il periodo coloniale, lo sfruttamento dei Paesi in via di sviluppo, sia fomentando le guerre etniche e sociali che indebolendo il progresso delle popolazioni locali e sfruttandone le risorse naturali, patrimonio appartenente all'intera umanità. Una minaccia, questa, alla sopravvivenza, non soltanto della specie umana, ma di tutti gli organismi viventi.

Ribadendo il concetto che l'istruzione è l'antidoto alle illibertà, all'inizio del terzo millennio si prospetta la possibilità di usufruire delle nuove tecnologie informatiche, rese disponibili da un mercato in forte espansione, che i Paesi più ricchi e detentori di un alto livello culturale e tecnologico possono fornire.

È importante precisare che l'accesso all'utilizzo dei sistemi informatici esige un'alfabetizzazione di base per potersi avvalere della formazione a distanza (FAD). Mediante tale strumento, i componenti dei Paesi in via di sviluppo possono usufruire dell'istruzione a differenti livelli, pur rimanendo nei Paesi di origine. Questo sistema può diventare sempre più diffuso ed essere in grado di coinvolgere popolazioni, superando le barriere e i vincoli geografici.

La formazione a distanza risponde in tempi reali alle necessità di apprendimento ed è flessibile nella durata e nelle modalità di fruizione. Può essere personalizzata, in quanto consente di individualizzare il percorso e allo stesso tempo, rispetto a quella tradizionale (formazione frontale), è meno dispendiosa, dato che gli stessi contenuti possono essere utilizzati da un numero di gran lunga maggiore di utenti.

Questo metodo di istruzione a distanza permette di erogare contenuti didattici sempre aggiornati e orientati laddove si può impiegare l'istruzione come leva sociale ed economica, in particolare basata sulle esigenze locali.

La verifica dell'apprendimento costituisce uno degli elementi prioritari della formazione a distanza adottando le tecniche di rilevazione automatica e moduli interattivi. Il livello di istruzione può anche essere valutato mediante la presenza di un docente, con il tradizionale metodo frontale.

I programmi sui quali si basano i percorsi sono universali, come i sistemi multimediali avanzati e Internet, che offrono possibilità del tutto innovative per superare problematiche spazio-temporali.

Questa nuova modalità di apprendimento determina una diffusione progressista di cultura sociale attraverso il continuo interscambio delle conoscenze.

Bill Gates, presidente della Microsoft Corporation, afferma che le sfide più importanti da affrontare in tutti i Paesi consistono nel fare in modo che non esistano *digital divide*. Non deve quindi esserci alcuna discriminazione basata sulla diversa digitalizzazione e si deve garantire a tutti gli studenti la possibilità di «mettere le mani» sui computer, a qualunque scuola appartengano. Di estrema rilevanza è la questione dell'accessibilità alle informazioni che possono arrecare vantaggi notevoli al genere umano.

L'impatto più importante è rappresentato dall'aumento esponenziale delle nuove tecnologie informatiche oggi a disposizione.

Come affermato dall'inventore del microprocessore, Federico Faggin: «Le nuove tecnologie renderanno possibile una cornucopia di dispositivi per il lavoro, l'educazione, la salute e lo svago che combineranno in maniera diversa [...] funzioni vecchie e nuove prese da un vasto menù inclusivo di telefono, personal computer e altre apparecchiature portatili che faranno proseguire la tendenza verso la mobilità che ha caratterizzato l'elettronica personale degli ultimi dieci anni».[6]

L'istruzione è la chiave di uno sviluppo non limitato a livello individuale, ma attraverso la formazione culturale si possono sconfiggere le molteplici illibertà e affrontare situazioni emergenti. Se le popolazioni del Sud del mondo potranno usufruire di un livello di istruzione tale da permettere loro di intraprendere un'attività lavorativa, la povertà sarà debellata e non sarà una minaccia per il futuro.

L'istruzione porta a tutte quelle libertà che rappresentano la base fondamentale dei diritti umani, che è la libertà stessa di agire.

---

6. Federico Faggin, *La nuova era*, «@review», Ministro per l'Innovazione e le Tecnologie, luglio 2004.

I valori nell'immaginario giovanile

Sarà necessario che gli individui nutrano meno sentimenti di ostilità e di paura verso gli altri individui [...] e una comprensione dal fatto che, nel mondo creato dalla tecnica moderna, la necessità di una cooperazione a livello mondiale è assoluta, se l'umanità dovrà sopravvivere.

Bertrand Russell[1]

1. Bertrand Russell, *Pensieri* (a cura di Eisler Lee), Newton, Roma 1997.

Si acquisisce la conoscenza del concetto del bene e del male sin dai primi anni di vita, quando si impara a proprie spese che non tutto è concesso, nell'ambiente sia pure protetto e saturo di affetto nel quale – almeno nel gran numero di casi – ogni essere umano muove i primi passi. Negli anni seguenti, quando la propria volontà comincia ad affermarsi, l'apprendimento di regole di vita, attraverso i comuni canali di comunicazione, orali e scritti, di qualunque comunità sociale faccia parte, mettono il giovane al corrente, non soltanto delle norme di convivenza, ma anche dei principi etici, che dovrebbero guidare le sue azioni, e la loro accettazione.

Ogni giovane ha viva ammirazione per chi appare forte e sicuro di sé, e vorrebbe investire le proprie potenzialità, fisiche e intellettuali, a seconda delle attitudini, ai fini di imporsi all'attenzione e ammirazione degli altri. Egli pensa che eccellere in qualsiasi attività debba dare un senso di sicurezza, e probabilmente una grande gioia. In realtà la sicurezza che ne deriva è schermo all'intima debolezza e il raggiungimento del successo non garantisce la serenità.

L'ambizione al successo è un'aspirazione particolarmente viva nella fase dell'adolescenza, quando il giovane si prepara a entrare nel contesto sociale del quale fa parte, ed è portato a crearsi un modello e a emularlo.

Il successo e l'eccellenza raggiunte nel settore perseguito nelle molteplici attività, di natura fisica, psichica e intellettuale, non hanno alcuna attinenza con i valori morali. Gli individui che hanno ottenuto e ottengono il successo, e sono portati ripetutamente alla ribalta, non differiscono dalla media dell'uomo comune.

L'ambizione di essere un giorno uno dei «grandi uomini autentici senza incrinature» è un'aspirazione adolescenziale.

Spetta all'*Homo sapiens* il compito di costruire la propria scala di valori e cercare di attenersi a quella, non al fine di ottenere un compenso in terra o in cielo, ma con l'obiettivo di godere ora per ora, giorno per giorno, della straordinaria esperienza di vivere.

I canali di comunicazione creano miti e modelli non basati su valori morali, ma su quelli che determinano il successo. Il termine «valore» può assumere diversi significati, quali il verbo «valere» dal quale deriva.

I valori ai quali si fa riferimento in questo contesto sono classificati in quella che è stata designata come la «filosofia dei valori», la cui trattazione risale ai filosofi greci, quali Protagora e Platone. In seguito la definizione dei valori è stata oggetto di analisi da parte di altri filosofi: Descartes, Spinoza e, nel secolo XIX, l'illuminista Immanuel Kant, fondatore del «criticismo», nella *Critica della ragion pratica* ha definito in forma assiomatica il concetto dei valori.

La visione del concetto kantiano di «imperativo categorico» corrisponde al fatto che «il carattere essenziale di ogni determinazione della volontà per la legge morale è che la volontà sia determinata semplicemente dalla legge morale come volontà libera».[2]

Nell'essere umano è insita una legge morale che, come un imperativo categorico, prescrive di obbedire alla ragione e quindi deve essere elevata a legge universale. Afferma quindi l'indipendenza della volontà e l'autonomia della ragione nella quale il valore di un'azione si erige a legge morale. Le idee della ragione sono rappresentate da Kant come «postulati» della moralità.

Tra i molteplici elementi che entrano in causa nella classificazione dei valori, emerge come il maggiore determinante quello che ogni individuo assume come guida alle proprie azioni.

Dagli albori della civiltà a oggi è prevalsa l'opinione che i valori etici, intimamente connessi e regolamentati dalle religioni delle civiltà orientali e occidentali, non possano essere oggetto di scrutinio da parte delle capacità cognitive della mente umana. Come affermato dal neurobiologo Roger Sperry: «L'ipotesi che oggi si sia avviati su una china che porterà alla catastrofe è motivata dal fatto che, mentre l'uomo ha acquisito quasi divine capacità di controllo sulla natura, continua a gestire questi suoi poteri con un

2. Immanuel Kant, *Critica della ragion pratica*, Laterza, Roma-Bari 1997.

concetto miope e ben lontano dai valori che dovrebbero dirigere le sue scelte. Questo è dovuto al fatto che è diretto in queste sue scelte da un lato da concetti biologici di gran lunga superati, che non si sono evoluti da tempi remoti, e dall'altro da metodologie e ideologie basate in prevalenza sulla fede, la fantasia e l'intuito».[3]

Le facoltà intellettuali, così altamente sviluppate nel cervello umano, detengono le leve del comando del comportamento dei singoli.

Lo sfrenato consumismo e il tanto ambito e universale desiderio di successo hanno portato il genere umano sull'orlo dell'autodistruzione. È urgente mettere in atto un radicale cambiamento del nostro modo di pensare e di agire su una visione del tutto nuova dei valori fondamentali concernenti l'etica del comportamento.

Il termine «etica» indica un concetto capace di individuare le modalità di relazione, intese secondo il criterio di liceità, che si instaurano tra due o più individui di una comunità.

Il criterio della liceità è la misura attraverso la quale si descrive una relazione a livello etico. L'idea del lecito e dell'illecito sono alla base del problema etico.

La responsabilità è sentita dall'uomo come un imperativo che lo stimola a cercare regole di comporta-

---

3. Roger W. Sperry, *Problems outstanding in the evolution of brain function: James Arthur on the evolution of the human brain*, The American Museum of Natural History, N.Y. 1964.

mento e indicazioni precise sul bene e sul male. Uno dei problemi più importanti sul quale si basa l'agire morale è la libertà umana.

Il principio della libertà dell'individuo diffuso con la riforma protestante enuncia che è affidato alla filosofia e non più alla religione il compito di definire il concetto di libertà. Tale cambiamento in epoca moderna diventa volontà razionale, come prospettiva non più individuale, ma che agisce in ogni ambito della vita sociale.

Due teorie sulle quali si basano i due sistemi biologici sono l'evoluzionismo darwiniano e il determinismo genetico, che giocano un ruolo fondamentale.

L'evoluzione biologica è basata, mediante un meccanismo selettivo, sulla casualità, che a sua volta genera incertezza e quindi nuove «informazioni». Al contrario, il determinismo genetico non provoca incertezza e perciò non crea nuove informazioni.

In un suo saggio, il biologo-filosofo Felice Azzone[4] ha trattato lo sviluppo della morale come generazione d'informazione durante la filogenesi e l'ontogenesi: «La capacità dell'intenzionalità di agire in modo finalizzato in base alle motivazioni suscitate dalle convinzioni, dai sentimenti e dai desideri, può essere definita come un'intenzionalità associata a valori, cioè alla capacità di manifestare comportamenti in base a motivazioni e valutazioni». Pertanto l'autore ritiene che la ra-

4. Giovanni Felice Azzone, *La libertà umana: immagine e realtà*, Bollati Boringhieri, Milano, in corso di stampa.

zionalità degli esseri umani si differenzia da quella dei primati non-umani in numerosi aspetti, quali la durata nel tempo, la capacità di saper scegliere, la motivazione non dipendente dai personali desideri e la decisione nella scelta basata su principi di portata generale.

Il comportamento degli esseri umani si fonda su scelte intenzionali consapevoli. Tuttavia gli appartenenti alla specie umana sono altamente recettivi a messaggi visivi e uditivi che pervengono loro durante l'età giovanile.

La protratta dipendenza di bambini e adolescenti dai loro genitori lascia segni indelebili per tutta la vita ed è responsabile della sottomissione all'autorità dei leader e dei dittatori. È in questo periodo della vita, che va dalla nascita alla pubertà, che i giovani vengono marchiati con i credo politico-religiosi della tribù o del gruppo sociale ai quali appartengono.

Nell'era della globalizzazione «la vita va vissuta in avanti e guardata all'indietro», come affermato da Sören Kierkegaard. Gli eventi e le esperienze nel percorso vitale possono essere compresi solo in retrospettiva. Cercare di capire nell'immediato presente preclude una dimensione di percezione. Soltanto attraverso una vita vissuta nella sua interezza ogni codice morale può essere coltivato e integrato.

La società odierna offre ai giovani di avvalersi delle nuove tecnologie per evadere dalla realtà e costruirne altre a proprio gradimento, nelle quali vorrebbero vivere. Tale possibilità viene fornita loro dalla «realtà virtuale». Questa definizione è stata introdotta da Jaron Lanier, che fin dalla metà degli anni

Ottanta, l'ha descritta come una realtà fittizia nella quale l'individuo si può «immergere» e «interagire».

Dalle tecnologie della realtà virtuale i giovani possono trarre benefici e svantaggi. I primi determinano notevoli sviluppi applicativi nel settore scientifico e biomedico, in quello di progettazione architettonica, nel campo artistico e in quello delle comunicazioni. I secondi possono provocare effetti nocivi quali quelli definiti «LSD elettronica».

È prioritario rendere i giovani consapevoli che i veri valori da perseguire non risiedono in spazi virtuali, ma sono approdabili nella dimensione reale e non in quella fittizia.

Il sapersi confrontare con se stessi è anche il miglior modo di convivere con gli altri in un mondo reale.

La filosofia o la religione non sono in grado di dare opportune risposte per vivere una vita piena e felice. Spetta al singolo individuo la responsabilità di precipitare negli abissi del male o di scalare le vette del bene. Tale decisione è sentita dall'uomo come un imperativo che lo stimola a cercare norme di comportamento e indicazioni precise sul bene e sul male.

L'arricchimento della vita stessa è dovuto agli ingredienti essenziali dell'esperienza vissuta correlati al pensiero e alla liberta umana. Così Albert Schweitzer esprime tale concetto: «Per un uomo la capacità di comprendere che cosa sia la civiltà e lavorare per perseguirla, dipende dalla sua qualità di pensatore e di uomo libero. Deve essere libero per trovarsi nella posizione di esprimere i suoi ideali nel mondo che lo circonda [...]. La libertà materiale e la libertà spirituale sono intimamente legate l'una all'altra. La civiltà presuppone uomini liberi, perché soltanto da uomini liberi essa può venire concepita e realizzata».[5]

Nell'epoca attuale, ancor più che in quella di Schweitzer, si impone di conciliare gli interessi propri con quelli di altri popoli, perché altrimenti la convivenza a livello globale non potrà essere realizzata in tutti i suoi termini.

---

5. Floriana Mastandrea, *L'altra Africa di Albert Schweitzer*, Armando, Milano 2004.

Un nuovo Umanesimo nell'era digitale

Se una persona sogna da sola, è solo un sogno. Se molte persone sognano insieme, è l'inizio di una nuova realtà.

Miguel de Cervantes[1]

1. Miguel de Cervantes, *Don Chisciotte*, Atlas, Bergamo 1997.

Due movimenti culturali hanno esteso concetti sviluppati in epoche precedenti e hanno rivoluzionato modalità di pensiero a livello socio-culturale.

Il primo è designato con il termine «umanesimo», che deriva dal latino *humanes* e significa «colto». Questa evoluzione intellettuale vede il declino dei concetti ispirati a credenze, miti e ideologie religiose che hanno caratterizzato l'era medioevale. L'Umanesimo segna la nascita del Rinascimento letterario, la cultura diviene valore supremo.

Il secondo movimento, denominato con il termine di «illuminismo», si è attuato attraverso la rivoluzione scientifica. Con le scoperte epocali di Newton, Leibniz e Galileo Galilei, si è verificato un formidabile sviluppo delle conoscenze scientifiche. Sia gli scienziati che i filosofi si avvalsero di queste scoperte per pervenire al concetto che l'Illuminismo riconosce un'estensione delle potenzialità della mente umana.

Già nel Seicento si era affermato il concetto scientifico verificabile attraverso un sapere oggettivamente controllabile. Un movimento, questo, che vide in Nicolò Copernico un precursore, in quanto la Terra perdeva la propria centralità, non solo astronomica, ma anche metafisica, costringendo l'uomo a ripensare la propria immagine nel contesto della natura, la propria origine e il rapporto con la divinità. La sua teoria portava a una revisione totale del concetto tolemaico geocentrico a favore di quello eliocentrico. Un concetto, questo, che lo stesso Galileo sostenne con varie argomentazioni, tra le quali fondamentale fu l'elaborazione del principio d'inerzia, che vanificava quasi tutte le obiezioni di tipo fisico che da secoli venivano sollevate contro la teoria del pianeta Terra in movimento. La convinzione dello scienziato lo pose in contrasto con la Chiesa, che lo costrinse alla pubblica abiura nel 1632.

Il metodo introdotto da Galileo assume un'assoluta centralità con il concetto di Isaac Newton e con quelli di altre personalità quali Leibniz che apportano nuove metodologie di ordine analitico e matematico.

La filosofia del Settecento, con la personalità di Immanuel Kant, affronta il problema della costruzione di un'etica libera da qualsiasi costrizione.

L'Illuminismo è un movimento che si pone come obiettivo di condurre sotto i lumi della ragione il modo di agire degli esseri umani e pone il ruolo dell'educazione quale sistema primario di progresso e di sviluppo.

La filosofia illuministica propone la diffusione di una concezione cosmopolitica e laica della storia e ne estende i confini rispetto a quelli della centralità cristiana e di ispirazione teologica.

Nel trattare *La filosofia dell'Illuminismo*, Ernst Cassirer fa rilevare che in quel periodo la filosofia non era più «un territorio particolare di conoscenze che stiano accanto o al di sopra dei teoremi della conoscenza naturale, della conoscenza del diritto e dello Stato ecc. [...] Negli illuministi si trovano sì alcune marcate tendenze irreligiose, ma controbilanciate spesso, negli stessi scrittori, da espressioni di intensa religiosità, anche se di tipo diverso da quella tradizionale».[2]

Allo sviluppo delle capacità cognitive manifestato nell'avvento culturale, scientifico e filosofico si contrappongono visioni catastrofiche, giustificate dal continuo perpetuarsi di guerre, eccidi, calamità naturali, il dilagare di morbi ecc.

Una visione ispirata dalla profezia del secondo avvento di Cristo nel Vangelo di Matteo è espressa con alta intensità emotiva dal grande poeta irlandese William B. Yeats,[3] con la visione della nascita dell'anticristo:

[...] Di certo il Secondo Avvento è vicino [...]
Una vasta immagine emergente dallo Spiritus Mundi
Mi turba la vista: in qualche luogo tra le sabbie del deserto
Una forma – corpo di leone, la testa di uomo,
Lo sguardo inespressivo e spietato come il sole –
Si muove sulle sue lente cosce, mentre tutto all'intorno

2. Ernst Cassirer, *La filosofia dell'Illuminismo* (a cura di Renato Pettoello), Sansoni, Firenze 2004.
3. William B. Yeats, *Quaranta poesie*, Einaudi, Torino 1983.

Turbinano le ombre dei sinistri uccelli del deserto.
Le tenebre scendono ancora, ma adesso io so
Che venti secoli di sonno pietroso
Furono turbati fino all'incubo dal dondolar di una culla.
E quale mai informe animale, giunta finalmente la sua ora,
Si avvicina a Betlemme per nascere?

In questi versi l'autore annuncia la fine dell'era cristiana e l'avvento di un nuovo ciclo storico dominato da tragedie incombenti mediante il verificarsi dell'Apocalisse. In tale visione domina l'influenza dei centri emotivi di natura paleocorticale, che non differisce sostanzialmente da quella dei mammiferi, primati sub-umani e uomo del periodo paleolitico.

Questo millennio si è aperto con profondi interrogativi sul futuro dell'umanità che vive minacciata da pericoli in continuo crescendo, ostilità nel rapporto tra le popolazioni e situazioni instabili sociali e politiche che determinano eccidi in massa e squilibri ecologici del pianeta.

Tali problematiche sono aggravate dalla sfiducia di poterle fronteggiare. A questo scopo si impone di dar vita a una nuova rivoluzione socio-culturale. Le sue finalità sono volte al superamento di compartimenti stagni attraverso la caduta delle barriere tra i vari settori scientifici e tecnologici che hanno aperto nuove prospettive.

La società industriale e post-industriale è stata ed è caratterizzata dalla corsa ai consumi e da un diverso orientamento della vita considerata sia in ordine al lavoro, che nell'utilizzo del tempo libero. L'estensione delle tecnologie digitali ha modificato e modificherà il concetto stesso del lavoro e delle informazioni a disposizione della componente giovanile, di ambo i sessi, che può usufruire di sconfinati orizzonti in ogni settore dello scibile umano. Si prospetta quindi la connessione delle scienze umanistiche con quelle tecnico-scientifiche.

Tale rivoluzione, già in atto, vede la fusione delle due culture: quella umanistica e scientifica. La loro diffusione, a tutt'oggi ristretta in ambiti territoriali, laddove è estesa a livello globale si avvale della incessante evoluzione delle tecniche informatiche.

A differenza di quella umanistica, questa dell'era digitale si pone come obiettivo una revisione delle normative che regolano i rapporti tra i singoli individui, tra individuo e Stato, tra il Nord e il Sud del mondo.

Il tam-tam africano è uno dei più antichi mezzi di comunicazione che serviva, e serve tuttora, per trasmettere notizie non solo agli abitanti di un villaggio, ma anche da un villaggio all'altro.

Oggi i moderni tam-tam sono stati sostituiti da strumenti elettronici che diffondono le informazioni nello spazio stratosferico: questo incide fortemente sui nostri modi di vivere e di comportamento. Circa quarant'anni fa, David Sarnoff, esperto di elettronica, aveva affermato che «nel campo delle comunicazioni siamo alle soglie di una nuova era, in cui le barriere materiali dello spazio e del tempo saranno abolite, grazie a un sistema mondiale di istantanei collegamenti audiovisivi tra popoli di ogni Paese, che per la prima volta permetterà ai mezzi di comunicazione di raggiungere simultaneamente tutta la popolazione della terra [...]. Attraverso le condutture laser, ogni individuo potrà avere una linea privata, per comunicazioni audiovisive, su qualsiasi distanza, così come oggi molti hanno linee telefoniche private [...]. Non solo le comunicazioni televisive e telefoniche, ma anche i libri, riviste e giornali, saranno trasformati in identiche particelle di energia, che potranno essere trasmesse a qualsiasi distanza».[4]

Circa mezzo secolo dopo, Nicholas Negroponte, esperto di informatica, definisce l'epoca digitale come «l'era dell'ottimismo» e giustifica tale definizione in base alla sua considerazione che ogni generazione futura sarà più digitale di quella che l'ha preceduta: «I bit di controllo sono più che mai nelle mani dei giovani e l'essere digitali costituisce anche la premessa affinché nuovi contenuti possano nascere da combinazioni di fonti di informazioni del tutto innovative».[5]

Dai recenti eventi bellici, in particolare dagli episodi terroristici, che hanno posto l'intero genere umano di fronte a un capovolgimento dei concetti assurti al valore di dogmi, ci si pone l'interrogativo se si deve attuare una totale revisione di norme considerate intoccabili.

---

4. David Sarnoff, *Una nuova era nelle telecomunicazioni*, «Mondo occidentale», 108, marzo-aprile 1966.
5. Nicholas Negroponte, *Essere digitali*, Sperling & Kupfer, Milano 1999.

Per pervenire a una revisione epocale nel «produrre» modi di agire più consoni ad affrontare i pericoli che minacciano la stessa sopravvivenza della nostra e di molte altre specie viventi, si può oggi usufruire dell'accesso a un numero esponenziale di informazioni. Una possibilità, questa, necessaria, ma non sufficiente per mettere in atto nuove strategie di azione.

La «costruzione» della rete Internet ha avuto gli scopi più vari ed è così definita: «[...] dal momento in cui Internet è diventata una rete di dimensioni mondiali con caratteristiche di universalità, il problema del reperimento delle informazioni in rete è diventato importante, e sono stati sviluppati degli strumenti che permettono di facilitare questa attività. Si tratta per lo più di *indici* e di *indici di indici*, creati da qualcuno che ha passato una buona quantità di tempo alla ricerca di informazioni in rete e che ha deciso di rendere pubblica la sua visione della classificazione del sapere».[6] I vantaggi recati da Internet e dalla posta elettronica alla comunità globale sono immensi e innegabili. Dobbiamo tuttavia tenere presente il paragone che Arthur Koestler fece tra la curva di crescita delle acquisizioni tecnologiche e il comportamento persistentemente irrazionale ed emotivo dei singoli e delle masse.

Proprio avvalendoci dei mezzi e delle tecnologie moderne si dovrebbe dare inizio a una campagna a li-

6. Alberto Berretti, Vittorio Zambardino, I*nternet – Avviso ai naviganti*, Donzelli, Roma 1995.

vello mondiale diretta a promuovere una cultura dell'infanzia e dell'adolescenza basata su principi di valore etico e trasmissione culturale.

Il genetista Luca Cavalli-Sforza afferma che la trasmissione culturale si verifica in forma verticale e in forma orizzontale. La trasmissione culturale verticale è quella che viene tramandata dai genitori ai figli, la trasmissione culturale orizzontale avviene da uno a molti, cioè da capi o insegnanti.

A queste due trasmissioni culturali è venuto il tempo di aggiungerne un'altra: quella digitale.

La trasmissione digitale avviene attraverso le nuove tecnologie informatiche, determina il fenomeno della globalizzazione e «percorre», in lungo e in largo, il nostro pianeta. Oggi buona parte degli abitanti del globo può comunicare con un interlocutore lontano in tempi reali.

Dato che non si è in grado di fermare l'evoluzione derivante dalla globalizzazione, si devono trovare dei correttivi ai suoi effetti negativi, in quanto a ogni progresso che si è verificato nel corso della storia delle civiltà sono sempre seguite delle nuove norme che regolano la condotta etica.

Gli effetti e i molteplici aspetti della rivoluzione tecnologica sono dovuti non solo alla velocità di espansione delle nuove tecnologie, ma anche alla riduzione dei costi nella memorizzazione e nella trasmissione delle informazioni. In una sua trattazione, Giovanna Melandri afferma che: «Occorre considerare la Società della Comunicazione come una società che apprende a ciclo continuo e in cui il processo di apprendimento non è più limitato al periodo tradizionalmente consacrato agli studi scolastici ma è un processo che dura per tutto l'arco della vita con uno scambio continuo tra cicli di produzione e cicli di formazione».[7]

Quello che è importante tenere presente è il modello della società attuale che può far uso di questa rivoluzione digitale. Per gli appartenenti alla generazione di «analfabeti informatici» sarà molto alto il prezzo per la mancanza di questo addestramento. Lo scienziato, alto esponente del campo della fisica, Carlo Rubbia, ritiene che l'educazione e la formazione sono una necessità inderogabile. È imperativa l'azione rapida dato l'andamento del ritmo al quale procede l'evoluzione tecnologica: «Dovremo contare maggiormente sulle nuove generazioni che dovranno a loro volta insegnare alle vecchie. Questo è esattamente l'opposto di ciò che avviene nella società classica, nella quale la competenza è attribuita principalmente e automaticamente ai personaggi più importanti per il loro status o per la loro influenza politica».[8]

L'impegno dei giovani è quantomai importante per un lavoro di coordinamento nell'applicazione delle nuove tecnologie attraverso una rete di scuole collegate telematicamente con la rete mondiale.

I giovani di tutto il mondo potrebbero avere un

---

7. Claudio Demattè, Giovanna Melandri, Peppino Ortoleva, *Digitalia, l'ultima rivoluzione*, «Reset», 1998.
8. Carlo Rubbia, *Il nuovo mondo della globalità*, «Il Sole 24 Ore», ottobre 2002.

ruolo di mediatori e operatori per creare strumenti volti a fronteggiare le problematiche globali. Occorre individuare gli approcci e sanare le situazioni internazionali che si verificano e interessano le popolazioni dell'intero globo terrestre.

Secondo quanto affermato da Mikhail Gorbaciov, in caso contrario non potremmo pensare di risolvere neppure uno dei problemi planetari, né avviare un'ampia cooperazione fra i popoli reciprocamente vantaggiosa e paritaria, né disporre in modo razionale delle scoperte della rivoluzione tecnico-scientifica, né trasformare le relazioni economiche mondiali e difendere l'ambiente, né fronteggiare tutte le illibertà, la minaccia nucleare e le guerre: «Sottoponendo a rigorosa analisi le vecchie e nuove realtà occorre cercare insieme la via verso la supremazia di un'idea universale per la conservazione della capacità vitale di una civiltà forse unica nell'universo».[9]

I processi mondiali che si sono verificati negli ultimi decenni impongono un dialogo di internazionalizzazione per l'attuazione di nuovi sviluppi in ogni settore della vita sociale attraverso una cooperazione globale.

La soluzione stessa delle problematiche mondiali richiede una «qualità» di vita diversa da quella attuale, indipendentemente dalle diversità ideologiche o di altra natura.

Alle contraddizioni della globalizzazione si pone

9. Mikhail Gorbaciov, «Rivista Banca Popolare Pugliese», 2002.

la certezza che i diritti e i doveri, la giustizia e la solidarietà, l'economia e l'etica possono convivere e potenziarsi di fronte ai fenomeni che caratterizzano l'inizio di questo secolo.

Il saggista Marcello Veneziani[10] esprime il suo parere sull'influenza che le tecnologie informatiche possono apportare. Un ruolo determinante è esercitato dal collegamento del mezzo tecnologico, quale veicolo di trasporto della comunicazione, e da quello pertinente l'educazione. In questa veste le nuove tecnologie esplicherebbero una funzione integrativa nella crescita culturale nel fenomeno umanistico.

La facoltà di acquisire informazioni in ogni ambito dello scibile umano può fornire la speranza di affrontare i pericoli con i quali l'umanità si deve confrontare, e allo stesso tempo indurre l'uomo tecnologico di questo millennio a non far aumentare il divario della forbice tra lo sviluppo della conoscenza e di usare al massimo grado le capacità raziocinanti in suo possesso. Come ritiene il filosofo Paolo Rossi, «la tecnica non ha morale, spetta agli uomini guidarla».[11] Le innovazioni tecnologiche possono apportare crescita e progresso, ma anche ricadute pericolose. Sostiene, infatti, che il loro sviluppo espone a problematiche difficili da affrontare senza essere esonerati da conflitti morali. «L'intero "grande racconto", marxiano, relati-

---

10. Marcello Veneziani, *Verso una società «colta»*, «@review», Ministro per l'Innovazione e le Tecnologie, luglio 2004.
11. Paolo Rossi, «Telema», estate 1998.

vo ai caratteri e ai modi di sviluppo della società industriale, attende di essere riscritto. Dell'antico racconto e soprattutto delle previsioni che in esso erano contenute non resta in piedi quasi nulla.»

A tale proposito P. Rossi cita l'allegoria che il noto filosofo Francis Bacon riporta nel *De Sapientia Veterum*, rappresentando la tecnica nella mitica figura di Dedalo. Nel labirinto dedaliano si ha la possibilità di perseguire le vie della perdizione o quelle della salvezza. A questo fine viene fornito a quanti entrano nel labirinto il filo di Arianna, per riuscire a trovare l'uscita.

Così, secondo tale metafora, l'*Homo sapiens* può avvalersi delle sue capacità raziocinanti per fronteggiare gli effetti dannosi causati dalla tecnologia.

Nel processo storico di tale mutamento è imperativo esaminare le conseguenze e valutare in quale misura i metodi tradizionali, già adottati, possano trasformarsi in fattori di arricchimento e di consolidamento senza eludere gli interessi di tutti i popoli. Questo potrà avvenire soltanto se le regole di comportamento sociali saranno impostate sulla base di una nuova etica edificata a misura di una società sempre più globale.

Un'elevata qualità di vita dovrà essere garantita a tutti gli esseri umani nel rispetto verso se stessi e nei confronti delle generazioni presenti e future.

Epilogo

L'ingiustizia in qualsiasi luogo è una minaccia alla giustizia dovunque. Ciò che colpisce uno direttamente colpisce tutti indirettamente.

Martin Luther King

Il pianeta Terra, con l'inarrestabile crescita demografica e gli attuali modelli di sviluppo da parte dei Paesi industrializzati, non riuscirà a reggere un impatto senza gravi conseguenze a livello ambientale e sociale.

In che modo è possibile raggiungere uno standard di vita adeguato in tutti i Paesi del mondo?

Quali sono gli strumenti e gli obiettivi per agire nella direzione giusta?

Innanzitutto si deve definire il concetto di sviluppo alla base del miglioramento della qualità della vita che possa offrire servizi ambientali, sociali ed economici a tutti i membri di una comunità globale, senza minacciare l'operabilità della natura e dell'ambiente circostante, inteso quest'ultimo come sistema sociale.

Nel «Piano nazionale per lo sviluppo sostenibile in attuazione dell'Agenda 21» lo sviluppo sostenibile è così definito: «Un nuovo modo di considerare ciò che ciascuno fa e il modo nel quale viene fatto».[1]

---

1. Deliberazione del Comitato Interministeriale per la Programmazione Economica del 28 dicembre 1993, Suppl. Ord. alla G.U., n. 47 del 26 febbraio 1994, pp. 11-12.

Il futuro dipende da noi stessi e noi non dipendiamo da nessuna necessità storica, pertanto le profezie oltrepassano la metodologia scientifica, mentre le previsioni sugli sviluppi dei sistemi sociali sono condizionate e indicano le diverse e possibili linee di evoluzione. Come affermato da Bertrand de Jouvenel[2] nella sua analisi del potere e della libertà nel rapporto tra governo e cittadini, la storia dell'umanità non può essere vista come un sistema chiuso e con una sola linea di sviluppo. Vi sono molte possibili linee di sviluppo. L'importante è conoscere quali siano e come realizzarle, trovare i punti di appoggio su cui far leva, deviando così il corso degli eventi in una direzione piuttosto che in un'altra.

Nel 1987 la World Commission on Environment and Development enuncia che per «sviluppo sostenibile» si intende che questo «risponda alla necessità del presente senza compromettere la capacità delle generazioni future di soddisfare le proprie esigenze».

Il nostro mondo non è quello che si può ritenere della «moderna alleanza», un mondo definito da Prigogine quale silenzioso e monotono, privo ormai degli antichi incanti, un mondo-orologio sul quale abbiamo la piena giurisdizione. La natura, secondo Prigogine, non è stata fatta per noi e non possiamo manipolarla a nostra volontà. Dobbiamo invece – come scrisse Monod – assumere il rischio della nostra avventura: l'av-

2. Bertrand de Jouvenel, *L'etica della redistribuzione*, Liberilibri, Macerata 1996.

ventura umana. Ma se lo possiamo fare è in base al fatto che ascoltiamo la lezione che ci viene impartita dalla natura, e cioè della nostra diretta partecipazione al divenire culturale e naturale del mondo nel quale viviamo. Il sapere scientifico deve essere considerato come un processo naturale. Il mondo è un'entità complessa non riducibile alle componenti semplici, e tale complessità conduce a un nuovo confronto tra l'essere umano e il mondo circostante.

Le attività di cooperazione internazionale devono essere in grado di fornire un coordinamento con tutte le regioni del globo, dal Sud al Nord e dal Nord al Sud.

È imperativo perseguire il principio contrario a quello proclamato nelle gare olimpioniche, come affermato da Alexander Langer[3] in uno dei suoi ultimi scritti: «Non si deve andare più veloci, più in alto, più forti» (*citius*, *altius*, *fortis*), ma al contrario si impone una modalità basata sulla riflessione con la messa in atto delle capacità cognitive, esclusivo appannaggio del cervello dell'*Homo sapiens*: raziocinio, coscienza, controllo emotivo. Sono queste le parole chiave per entrare in azione.

La responsabilità spetta a chi detiene le leve del comando in ogni ambito della vita sociale, per l'immediata attuazione di una «politica» di integrazione e di inserimento dei giovani nei processi economici, culturali e sociali.

---

3. Alexander Langer, *Non siate tristi, continuate*, Edizioni della Battaglia, Palermo 1995.

Rita Levi-Montalcini

Tempo di mutamenti

Si deve ritenere che la razza umana sia destinata all'estinzione per la mancanza di innati meccanismi inibitori contro i suoi stessi poteri di annientamento, in continuo crescendo, e per la sua inclinazione a utilizzarli, malgrado la consapevolezza dell'uomo delle conseguenze fatali che ne deriverebbero?
Questa rotta verso il suicidio è fissata in modo irreversibile, o è ancora possibile correre ai ripari e arrestarla, essendo l'uomo un primate intelligente che agisce non soltanto in base all'attivazione della componente emotiva, ma anche in base alla sua esperienza e alle sue capacità cognitive sviluppate in lui in massimo grado?
Si deve ricercare nella sua aggressività la causa prima delle guerre che hanno afflitto il genere umano sin dagli albori della civiltà? È l'aggressività stessa da imputare a un comportamento innato o acquisito?
I pericoli su citati conferiscono la massima urgenza nel rispondere a queste domande. In questa fase così critica, nella quale sono in gioco la stessa sopravvivenza della nostra e di altre specie viventi, è imperativo ricorrere a un radicale cambiamento del modo di pensare e di vivere, usufruendo delle capacità raziocinanti, privilegio esclusivo dell'*Homo sapiens*.

Rita Levi-Montalcini

Un universo inquieto

Paola Levi-Montalcini, poco più che ventenne, emergente nel gruppo degli allievi di Casorati, possedeva già, nei suoi dipinti, un'impostazione personale, scevra da ogni legame. Dopo le vicende drammatiche della guerra riprese il discorso interrotto della sua pittura in base a un nuovo concetto: «La fine di un monologo per una prospettiva corale. [...] Potevo guardare al futuro con un patrimonio di nuove libertà, la prima delle quali era lo sganciamento dal "vero"».

In questo volume sono riportati i passaggi più salienti della sua attività, passaggi che traducono la sua vita nell'opera artistica da lei prodotta, sotto sembianze sempre diverse. Paola in tutto il suo lungo percorso non rimane vincolata ad alcuno schema, tende invece ad ampliare i propri orizzonti e punta verso nuovi obiettivi con fervido impegno e tenacia.

pp. 256

€ 13,43

Stampato nel novembre 2004 per conto di
Baldini Castoldi Dalai *editore* S.p.A.
da «Mondadori Printing S.p.A.»
Stabilimento Nuova Stampa - Cles (TN)